# PUBLICATIONS DU D<sup>r</sup> CH. LIVON

**Du traitement des polypes laryngiens.** — Paris, Ad. Delahaye, 1873.

**De la résistance vitale de la face aux grands traumatismes.** — *Marseille médical*, 1874.

**Du croton chloral ou chloral crotonique.** — Paris, Ad. Delahaye, 1877.

**Note pour servir à l'action physiologique du Hoang-nan.** — *Société de biologie*, juin 1877.

**Injections de bacteries dans le sang, sans intoxication.** — *Société de biologie*, juillet 1877.

**Nouvelles recherches sur la fermentation ammoniacale de l'urine et la génération spontanée.** — (*Comptes-rendus de l'Académie des sciences*, 1877. — *Revue mensuelle de médecine et de chirurgie*, octobre 1877). En collaboration avec le D<sup>r</sup> P. Cazeneuve, professeur agrégé de Lyon.

**Recherches expérimentales sur la fermentation ammoniacale de l'urine.** — (*Revue mensuelle de médecine et de chirurgie*, mars 1878. — *Marseille médical*, 1878). En collaboration avec le D<sup>r</sup> P. Cazeneuve.

**Nouvelles recherches sur la physiologie de l'épithélium vésical.** — (*Comptes-rendus de l'Académie des sciences 1878.*) En collaboration avec le D<sup>r</sup> P. Cazeneuve.

**Recherches expérimentales sur l'absorption par la muqueuse vésicale.** — (*Revue mensuelle de médecine et de chirurgie*, janvier 1879.) En collaboration avec le D<sup>r</sup> P. Cazeneuve.

**Diffusion de l'acide salicylique, présence dans le liquide cephalorachidien.** — (*Comptes-rendus de l'Académie des sciences 1878.*) En collaboration avec le D<sup>r</sup> J. Bernard.

**Recherches sur la localisation de l'arsenic dans le cerveau.** — (*Comptes-rendus de l'Académie des sciences 1879.*) En collaboration avec le professeur Caillol de Poncy.

**De la contraction rythmique des muscles sous l'influence de l'acide salicylique.** — (*Comptes-rendus de l'Académie des sciences 1879.*)

**Recherches sur l'action physiologigue de l'acide salicylique sur la respiration.** — (*Comptes-rendus de l'Académie des sciences 1880.*)

**Recherches sur la localisation de l'arsenic dans le cerveau. (2<sup>me</sup> mémoire.)** En collaboration avec le professeur Caillol de Poncy. — Présentées à la réunion des délégués des sociétés savantes à la Sorbonne, avril 1880.

Laboratoire de Physiologie de l'École de Médecine de Marseille

# DE L'ACTION PHYSIOLOGIQUE

## DE

# L'ACIDE SALICYLIQUE

### ET DU

# SALICYLATE DE SOUDE

## SUR LA RESPIRATION

PAR

## Le D<sup>r</sup> Ch. LIVON

*Professeur suppléant, Vice-Président de la Société de Médecine de Marseille*

MARSEILLE

TYP. ET LITH. BARLATIER-FEISSAT PÈRE ET FILS
Rue Venture, 19.

1880

Laboratoire de physiologie de l'École de Médecine de Marseille

# DE L'ACTION PHYSIOLOGIQUE

## DE

# L'ACIDE SALICYLIQUE

## ET

# DU SALICYLATE DE SOUDE

## SUR LA RESPIRATION

En juillet 1878, nous communiquions à l'Académie des Sciences (1), en commun avec M. J. Bernard, nos recherches sur la diffusion de l'acide salicylique et sa présence dans le liquide cephalo-rachidien.

Durant ces premières expériences, certains phénomènes respiratoires m'avaient frappé, et c'est pour me rendre compte de la véritable action physiologique de ce corps que j'en ai repris l'étude expérimentale.

Les résultats que j'ai obtenus en disséquant cette action sur les phénomènes respiratoires, et dont j'ai présenté déjà le résumé à l'Académie des Sciences (2), sont je crois de nature à jeter de la lumière sur certains accidents qui se sont manifestés chez des malades soumis à un traitement *trop massif*, si l'on me permet cette expression. Bien que les expériences

(1) *Comptes-rendus*, tome LXXXVII, page 218.
(2)       id.       1880 tome XC, page 231.

sur cette substance soient nombreuses, je pense que celles-ci, quoique arrivant un peu tard, ne manquent pas d'un certain intérêt, au point de vue des applications thérapeutiques ; car, comme le dit excellemment M. Laborde (1) : « L'expérimen-
« tation a pour but et pour résultat de faire connaître les
« propriétés toxiques et partant nocives des substances ré-
« putées médicamenteuses ; et, sous ce rapport, son inter-
« vention est tout autant, sinon plus encore, nécessaire dans
« l'étude préalable de ces substances, elle constitue, pour
« ainsi dire, à ce point de vue, l'instrument indispensable de
« la connaissance qui permet au médecin, agissant selon la
« science et selon sa conscience, de se mettre et de se tenir
« en règle avec le premier des préceptes thérapeutiques :
« *primo non nocere.* »

Aussi, persuadé que les résultats d'une bonne expérimentation ne peuvent qu'être utiles aux progrès de la thérapeutique, je me propose de faire connaître avec détails le résultat de mes nombreuses expériences au point de vue de l'action physiologique de l'acide salicylique sur la respiration.

Un premier fait m'a frappé, c'est le désaccord qui existe entre les divers expérimentateurs, à propos des modifications opérées sur le système respiratoire par l'administration de l'acide salicylique ou du salicylate de soude.

Si l'on jette, en effet, un coup d'œil rétrospectif sur l'opinion des expérimentateurs, on trouve une divergence d'opinions très-marquée et, certes, en présence des auteurs qui ont expérimenté ce corps, l'on ne peut mettre en doute ni leur talent d'expérimentateurs, ni leur talent d'observateurs. Mais, comme nous le montrerons bientôt, ceci prouve une fois de plus combien il faut observer souvent et longtemps avant de se prononcer sur un résultat quelconque, un phénomène pouvant se présenter à la fin d'une expérience tout autre que ce qu'il aura été au commmencement ou au milieu.

(1) *Acad. de Médec. Du rôle de l'expérimentation dans la recherche et la détermination des succédanés en thérapeutique.*

Que trouvons-nous, en effet, dans l'article de M Henocque, dans le *Dictionnaire Encyclopédique,* article qui résume on ne peut mieux l'état de la question :

« Buss, chez le lapin, a observé de la dyspnée ou ralen-
« tissement des mouvements respiratoires, puis des secousses
« convulsives. Kœhler a constaté que l'acide salicylique, in-
« géré dans l'estomac à dose physiologique, amène un ralen-
« tissement de la respiration. M. Sée a également observé
« chez les lapins la dyspnée et les convulsions générales ;
« Leonhardi-Aster a observé, dans quatre cas, de la dyspnée
« avec anxiété chez des malades ; Fürbringer et Schultze ont
« signalé, non pas du ralentissement, mais bien une aug-
« mentation de fréquence de la respiration. »

M. Laborde, dans son travail présenté à l'Académie de Médecine, en 1877, dit avoir observé une accélération légère des
mouvements respiratoires.

MM. Bochefontaine et Chabert, dans leur communication à
l'Académie des Sciences (septembre 1877), disent que les
mouvements respiratoires, puis les battements du cœur, sont
ralentis et ensuite abolis.

Assurément, en présence de ces résultats divers, il est assez
difficile de pouvoir conclure quelles sont les modifications
imprimées à la respiration par l'acide salicylique.

Durant mes premières expériences, tantôt j'avais observé
du ralentissement, tantôt, au contraire, une accélération
très-marquée. J'avais cru un moment que cela pouvait pro-
venir de ce que j'avais administré, tantôt de l'acide salicylique, tantôt du salicylate de soude. Mais je me suis assuré
que les résultats étaient les mêmes avec ces deux substances,
en proportionnant les doses, et, comme la plupart des expérimentateurs, j'ai préféré le salicylate de soude, plus facile à
employer à cause de sa solubilité.

Mes expériences m'ont permis d'établir, comme on va le
voir, que les résultats sont différents suivant les doses em-
ployées et suivant le moment de l'observation ; car, l'action
de l'acide salicylique sur la respiration est réellement très-
complexe.

Voyons, en effet, ce que donne l'expérimentation :

Si sur un chien de 16 kilog., peu surexcité par les préparatifs de l'opération, l'on vient à pratiquer une injection intra-veineuse dans la crurale, en prenant les précautions minutieuses que nécessite cette opération, d'une dose assez élevée de salicylate de soude, 8 grammes, par exemple, dissous dans une petite quantité de liquide, en observant attentivement l'animal à partir de l'instant où commence la pénétration de la substance dans le torrent circulatoire, on observe les phénomènes suivants : Après quelques irrégularités, la respiration se ralentit et les mouvements respiratoires deviennent amples et réguliers; c'est ainsi qu'un chien, présentant avant l'opération de 18 à 20 inspirations à la minute, n'en présente plus que 12 à 14 à ce moment; mais peu à peu la respiration s'accélère et devient très-précipitée, puisque le même chien présente jusqu'à 100, 150 inspirations à la minute. Après cette accélération, le nombre des mouvements respiratoires ne tarde pas à diminuer, il baisse de plus en plus, tombe de nouveau à 14-12, et la respiration finit enfin par s'arrêter assez brusquement, comme lorsqu'on galvanise les bouts centraux des pneumogastriques.

Ainsi, dans cette expérience que j'ai souvent renouvelée et que je relate ici comme type, nous pouvons déjà prévoir la cause de la divergence des observateurs.

Mais poursuivons l'expérimentation et voyons l'effet d'une petite dose, après avoir expérimenté une dose proportionnellement très-élevée.

Un cobaye, ayant normalement 80 inspirations à la minute, reçoit en injections sous-cutanée 2 centigrammes de salicylate de soude. Au bout de peu de temps, la respiration ne tarde pas à subir une diminution et l'on ne compte plus que 64 mouvements respiratoires à la minute.

Pour mieux faire apprécier cette différence, j'ai pris le graphique du rythme respiratoire des cobayes placés sous une cloche pendant les expériences.

Les trois états de la respiration, avant et pendant l'expérience, sont représentés par les tracés suivants, qui donnent le rythme respiratoire durant le même laps de temps.

Par la seule inspection de ces tracés on se rend compte des modifications qu'éprouve le rythme respiratoire sous l'influence de l'acide salicylique.

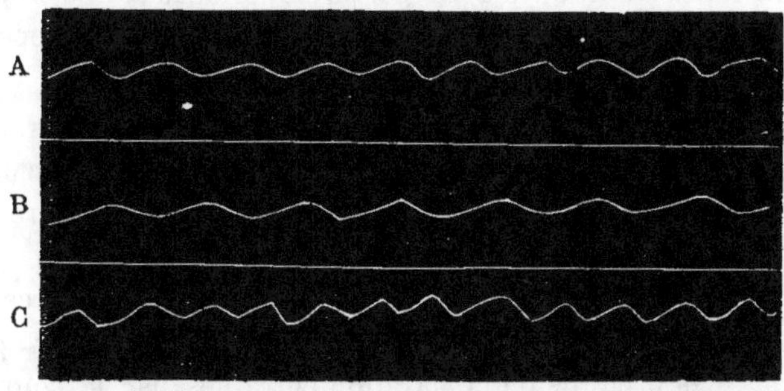

A. — Respiration normale. — B. — Ralentissement. — C. — Accélération.

Le tracé A représente la respiration normale ; on compte 10 mouvements respiratoires.

Le tracé B représente la respiration ralentie ; il a été recueilli 45 minutes après l'administration de 15 milligram. de salicylate de soude en injection sous-cutanée dans l'aine droite ; on ne compte plus que 7 mouvements respiratoires, c'est-à-dire 3 de moins qu'à l'état normal.

Le tracé C représente le phénomène inverse, c'est-à-dire l'accélération des mouvements respiratoires ; il a été recueilli 60 minutes après l'administration de 25 centigrammes de salicylate de soude en injection sous-cutanée ; on compte 12 mouvements respiratoires, c'est-à-dire 5 de plus que dans le tracé B et 2 de plus que dans le tracé A.

Telles sont, en résumé, les modifications qu'éprouve le rythme respiratoire sous l'influence de l'acide salicylique.

Mais si l'on pénètre davantage le phénomène au point de vue chimique et que l'on analyse les produits de l'expiration, on trouve que les quantités d'acide carbonique exhalé varient suivant les doses administrées. Il y a diminution avec de faibles doses, augmentation avec des doses élevées.

J'ai expérimenté sur divers animaux, des cobayes, des tourterelles et des grenouilles, de la façon suivante :

L'animal était placé sous une grande cloche hermétiquement fermée et munie à sa partie supérieure d'une douille laissant passer plusieurs tubes, les uns destinés à apporter l'air, les autres à le soustraire.

Au moyen d'une trompe, un courant d'air facile à graduer par un robinet était établi dans l'intérieur de cette cloche. Avant d'y pénétrer, l'air traversait un flacon laveur rempli d'une solution de potasse et une éprouvette pleine de potasse en fragments, afin de se débarrasser de tout l'acide carbonique qu'il pouvait contenir et en grande partie de la vapeur d'eau. Les produits de l'expiration entraînés par le courant, traversaient d'abord un flacon laveur rempli d'acide sulfurique destiné à absorber la vapeur d'eau, puis un système de boules remplies d'une solution de potasse pour arrêter l'acide carbonique : La différence de poids de ces boules, avant et après l'expérience, me donnait le poids de l'acide carbonique produit.

Afin de faciliter la comparaison, j'ai calculé les résultats pour une heure de durée et un kilogramme de chaque espèce animale.

Mes expériences les plus nombreuses ont été faites avec des cobayes pour lesquels la première série d'expériences, au moyen de l'appareil que je viens de décrire sommairement, a servi à établir une moyenne pouvant être considérée comme base de comparaison.

C'est ainsi que j'ai trouvé pour le cobaye à l'état normal, 0 gr. 603 milligr.

Administrant alors du salicylate de soude en injections sous-cutanées à des cobayes aussi semblables que possible, je suis arrivé aux résultats suivants pour lesquels je ne donne que la moyenne des expériences, afin de ne pas être trop prolixe de détails.

Sous l'influence de 2 à 3 centigrammes de salicylate de soude, en même temps que le rythme respiratoire diminuait, j'ai constaté une diminution notable dans la quantité d'acide carbonique exhalé. La moyenne des expériences m'a donné 0 gr. 338 milligr., c'est-à-dire, pour un même laps de temps et pour le même poids de l'animal, 0 gr. 265 miligr. de moins qu'à l'état normal

Si, au lieu de recevoir une faible dose, l'animal absorbait 0 gr. 25 centigr. de substance, une augmentation très-notable dans l'acide carbonique produit se manifestait, puisque la moyenne a été 1 gr. 137 milligr., c'est-à-dire 0 gr. 534 de plus qu'à l'état normal, et 0 gr. 799 de plus que sous l'influence des faibles doses.

La quantité étant augmentée, le chiffre de l'acide carbonique montait aussi, puisqu'avec 0 gr. 50 centigr. de substance, la moyenne d'acide carbonique exhalé était 1 gr. 317, c'est-à-dire 0 gr. 714 de plus qu'à l'état normal et 0 gr. 979 de plus que sous l'influence des petites doses.

Cette expérimentation ne peut pas être poussée plus loin, car, à doses plus élevées que celles que nous venons de signaler, la substance devient promptement toxique et l'animal ne tarde pas à tomber dans un état convulsif qui précède la mort.

Toujours par le même procédé, j'ai voulu voir si sous l'influence de doses élevées, cette augmentation se manifestait chez les oiseaux et les batraciens.

Expérimentant sur des tourterelles, j'ai d'abord trouvé pour moyenne, à l'état normal, 1 gr. 111 milligr.; administrant alors à l'animal 0 gr. 05 centigr. de substance, la moyenne est montée à 1 gr. 923, c'est-à-dire 0 gr. 812 de plus qu'à l'état normal.

La moyenne normale établie pour la grenouille étant de 0 gr. 095 milligr., j'ai administré 0 gr. 05 cent. de substance, et la quantité d'acide carbonique est montée à 0 gr. 225 milligrammes, c'est-à-dire 0 gr. 130 milligr. de plus qu'à l'état normal.

Ces diverses expériences que je viens de relater démontrent que l'action de l'acide salicylique sur la respiration est complexe, ainsi que je l'ai énoncé d'abord. L'on voit en effet que le rythme respiratoire éprouve des changements suivant la période de l'observation et suivant les doses : diminution avec de faibles doses, augmentation avec des doses élevées. L'acide carbonique subit aussi des modifications semblables : diminution sous l'influence des petites doses, augmentation sous l'influence des doses élevées.

Ces modifications diverses sont sans contredit d'origine centrale, et c'est dans les centres nerveux respiratoires qu'il faut chercher l'explication la plus vraisemblable que l'on en puisse donner.

MM. Bochefontaine et Chabert (1) ont établi qu'une des propriétés de l'acide salicylique était de diminuer les réflexes de la substance grise bulbo-médullaire. Par conséquent, la substance pénétrant dans le torrent circulatoire doit agir très-promptement sur les propriétés de cette substance et diminuer ainsi les réflexes respiratoires. C'est ce qui expliquerait le ralentissement initial et en même temps la diminution de l'acide carbonique exhalé.

Mais, sous l'influence des doses plus élevées, la substance s'accumulant dans le liquide céphalo-rachidien, ainsi que nous l'avons montré (2), agit directement sur les racines des pneumogastriques, et, par cette excitation, légère d'abord, amène une accélération des mouvements respiratoires semblable à celle que l'on produit par l'excitation faible des bouts centraux des pneumogastriques ; mais l'excitation allant toujours en augmentant, après une accélération très-grande, les mouvements respiratoires ne tardent pas à se ralentir de plus en plus, et, enfin, l'excitation arrivant à son summum, ils s'arrêtent, comme sous l'influence de l'excitation exagérée des pneumogastriques ; d'où l'asphyxie qui se

---

(1) *Compt. Rend. Acad. des Sciences* 1877, tome LXXXV, page 574.
(2) *Acad. des Sciences*, loc. cit.

produit toujours chez les animaux soumis au traitement par l'acide salicylique à doses non plus thérapeutiques mais expérimentales.

A quelles conclusions thérapeutiques arrive-t-on? Ces expériences montrent qu'à faibles doses l'acide salicylique est une substance qui peut réellement rendre des services, mais qu'il faut toujours se méfier des doses trop élevées et massives qui, non-seulement peuvent ne pas être supportées par certains organismes, mais qui sont par elles-mêmes plu-tôt nuisibles que favorables.